Sigrid Tinz

Tiere und Pflanzen in der STADT

entdecken & erforschen

Ulmer

Naturführer für Kinder

Hallo, liebe Naturfreunde,

ich bin **Felix, der schlaue Fuchs**. Ihr schafft es nur selten raus aufs Land, um Vögel zu beobachten, Schnecken zu sammeln und Blumen zu pflücken? Macht fast gar nichts, denn auch in Städten ist es grün – schaut einfach mal auf den Stadtplan. Geht einfach raus und seht euch direkt vor der Haustür um: In jeder Pflasterfuge, an jedem Straßenrand wächst und lebt etwas; im Stadtpark sowieso.

Wenn ihr dann nicht wisst, wen oder was ihr da vor euch habt, dann helfe ich euch mit diesem Buch.

Und ich sage euch noch mehr: warum es auch Papageien in unseren Städten gibt, wer so alles *unter* eurer Stadt lebt und wann und wo ihr am besten auf Beobachtungstour geht.

Und jetzt viel Spaß beim Entdecken und Bestimmen!

Stadtforscher-Wissen

Fuchs trifft Stadttauben.

Die Stadt lebt

Ganz, ganz viele Tiere und Pflanzen fühlen sich in unseren Städten ziemlich wohl, manche sogar wohler als in freier Wildbahn. Was auch daran liegt, dass es kaum noch freie Wildbahn gibt. Die Landwirtschaft braucht große Felder, die gut mit Maschinen zu befahren sind – Hecken und morsche alte Bäume, die als Unterschlupf dienen könnten, stören da nur. „Unkraut" und „Ungeziefer", die Nahrung vieler Tiere, sowieso. In Gärten, Parks, Stadtwäldern und -teichen findest du diese Dinge aber häufig noch. Dazu sogar vielfältige Blumen, Büsche und Bäume, Hecken und wilde Ecken zum Verstecken für die Tiere. Und zusätzlich noch Mülltonnen und Komposthaufen voller Leckereien – darum kommen sogar Füchse und Wildschweine zu uns in die Stadt!

Blumen blühen auch Und zwar nicht nur im Park oder auf dem Balkon. Überall, wo nicht ständig jemand hintritt, wächst etwas: am Straßenrand, an Häuserecken oder auf Mauern. Leere Grundstücke oder Baustellen werden innerhalb von wenigen Wochen von Blumen und Kräutern besiedelt. Die dürfen allerdings nicht zimperlich sein: In Städten ist es wärmer und trockener, staubiger und voller Hundepipi und Autoabgasen.

Bring deine Straße zum Blühen Mit Samenbomben oder „Seedbombs“. Das klingt cool und gefährlich – und ein bisschen ist es das auch, weil die

Idee eigentlich ist, diese Kugeln aus Erde und Samen heimlich auf öde und leere Flächen zu werfen. Du kannst natürlich auch Saatkugeln sagen und sie einfach in den Garagenhof legen oder entlang deines Schulwegs verteilen.

Und so geht's:

10 Esslöffel Kompost- oder Blumenerde, 8 Esslöffel Tonpulver und 2 Teelöffel Samen von heimischen Sommerblumen (zum Beispiel Kamille, Kornblume, Klatsch-Mohn oder Wilde Malve) in einer Schüssel gut vermischen; einige Teelöffel Wasser dazu, nach und nach und so viel, bis ein fester Matschteig entstanden ist. In 10 Teile teilen, die zu Kugeln formen und in einem Eierkarton trocknen lassen – damit ihr sie auch wirklich werfen könnt. Wenn es nicht regnet, solltet ihr die Kugeln ab und zu gießen, damit die Samen keimen können.

Die Kanalisation – Heimat vieler Ratten.

Das Leben unter dir

Unter der Erde gibt es so etwas wie eine Stadt unter der Stadt: Die Kanalisation. Vielleicht bietet in eurer Stadt jemand Führungen an oder du kannst bei Bauarbeiten einen Blick hineinwerfen. Nicht nur ein paar Rohre, sondern richtige Straßen, mit Kreuzungen und größeren Plätzen gibt es da.

Viele Tiere nutzen diese Tunnel: Waschbären, Gänse und Enten, in Kanada sind schon Grizzlybären gesehen worden und in Florida Alligatoren. Und zu essen gibt es auch, wenn man nicht wählerisch ist. Wie die Ratten, die sich in den Kanälen wie im Schlaraffenland fühlen, sich fleißig vermehren und dort unten richtig wohnen.

Deswegen – und auch weil es in der Kläranlage schwierig ist, feste Stoffe herauszuholen – bitte nie Essensreste ins Klo schütten. Und: Die Ratten verfolgen den Weg der leckeren Mahlzeit gerne zurück bis zur Quelle, klettern die Fallrohre der Häuser hoch und können dann sogar bis ins Klo kommen. Nichts gegen Ratten an sich, aber wer unten in der – Pardon – Scheiße wohnt und sich davon ernährt, bringt auch die eine oder andere Krankheit mit ans Tageslicht.

Über dir Schau auch ab und zu mal in die Luft, dann siehst du, wie viele Vögel es in der Stadt gibt: Amsel, Drossel, Fink und Star sind dabei, viele, viele Tauben und Meisen, die oft recht zutraulich werden und gerne ans Futterhaus auf dem Balkon kommen oder sogar im dort aufgehängten Nistkasten ihre Jungen großziehen.

Mit dir zusammen Fruchtfliegen auf deiner Banane, Spinnen in der Fensterecke, Milben im Teppich und Silberfischchen im Bad – all diese Krabbeltierchen gehören zu der Tierwelt bei dir zu Hause und in eurem Keller, auf dem Dachboden oder im Schuppen leben vielleicht Marder, Eulen oder Fledermäuse.

Alte neue Stadtbewohner Dann gibt es noch Tiere, die lange Zeit sehr selten waren, aber nun die Städte für sich entdecken. Wie der Biber, dem es in der Stadt oft besser gefällt als auf dem platten Land, denn im Park sind die Flüsse oft so, wie er es mag: umsäumt von Büschen und Bäumen.

Auch den Wolf gibt es ja wieder häufiger in Deutschland, davon hast du bestimmt schon gehört. Aber: Wölfe sind sehr scheue, vorsichtige Tiere, die uns Menschen gewöhnlich meiden. Dass sie sich in Städten blicken lassen, halten die meisten Wolf-Kenner für unwahrscheinlich. Du kannst also beruhigt sein. Oder findest du das schade?

Die gefährlichsten Tiere der Stadt

... sind übrigens verwilderte Hunde. In Deutschland gibt es nur wenige, aber in vielen Städten in Süd- und Osteuropa und in Amerika gehören sie zum Straßenbild dazu wie Tauben. In Moskau fahren sie sogar Straßenbahn.

Exotisch: Halsbandsittiche im Stadtpark.

Von Exoten und Einwanderern

Manchmal siehst du auch Tiere in der Stadt, die du eigentlich nur aus dem Zoo oder aus dem Fernsehen kennst: Papageien oder Schildkröten, Waschbären oder Marderhunde.

Grün und laut Wundere dich also nicht, wenn du auf einmal einen knallgrünen Papagei entdeckst. Du musst deswegen nicht im Tierheim anrufen, denn diese Halsbandsittiche sind die Nachfahren von vor rund 50 Jahren vermutlich aus dem Kölner Zoo entflohenen Käfigtieren. Exoten hin oder her, sie kommen offenbar prima zurecht im Großstadtdschungel und haben sich fleißig vermehrt. Mittlerweile leben Tausende der grünen Vögel in unseren Städten, hauptsächlich entlang des Rheins, weil dort die Winter so schön mild sind.

Neubürger: Marderhund, Biber, Streifenhörnchen, Schmuckschildkröte.

Auch Krokodile im Badesee oder Panther im Stadtwald hat es schon gegeben. Manche sind aus Zoos oder Tierhandlungen entlaufen, andere eher zufällig im Reisegepäck oder Container aus anderen Ländern mitgereist und ausgebüxt. Oft sind es aber auch ehemalige exotische Haustiere, von ihren Besitzern ausgesetzt, weil sie vielleicht zu groß oder zu lästig wurden.

Mit starken Kiefern Oft trifft es Schildkröten, die man ja vermeintlich leicht in den Teich im Stadtpark oder den Badesee setzen kann. Das ist meist nicht wirklich witzig. Für die Tiere nicht, weil sie im eher kühlen Deutschland meist nur bis zum Winter durchhalten. Und auch nicht für uns alle: Schon der Biss einer eigentlich harmlosen Schmuckschildkröte tut weh. Richtig gefährlich sind aber Schnapp- und Geierschildkröten. Die haben starke Kiefer und Kraft genug, dir einen Finger oder Zeh abzubeißen – und sie sind auch noch sehr angriffslustig.

Einige Tiere, wie die Halsbandsittiche, kommen aber auch gut hier zurecht, vermehren sich und haben sich bald fest eingebürgert. Biologen nennen diese Tiere Neozoen. Neue Tiere heißt das übersetzt.

Waschbären sind gerne abends unterwegs.

Wie du sie finden kannst

Du kannst natürlich einfach losziehen. Aber wenn du Notizbuch, Stifte, Fernglas, Kescher, Taschenmesser, Gläser und Becherlupe mitnimmst, schadet es auch nichts. Und einen Fotoapparat, wenn du einen hast, Tüten, um interessante Fundstücke einzusammeln und natürlich dieses Bestimmungsbuch. Ein Tipp: Mach dich spät abends oder früh morgens auf den Weg, denn viele Stadttiere sind nachtaktiv, wie Fledermäuse, Füchse oder Marder.

Darauf bitte achten Hast du ein Tierchen gefangen, halte es im Schatten – wenn es ein Wassertier ist, natürlich im Wasser – und lass es immer wieder da frei, wo du es eingefangen hast. Pflanzen schaust du dir am besten an Ort und Stelle an. Wenn du sie sammeln und pressen willst, nimm nur einen Stängel mit Blüten und Blättern und lass die Wurzel da. Du kannst dir vielleicht vorstellen, welche Mühe es gemacht hat, dort heimisch zu werden. Bitte halte dich an Schilder, was Baustellen und Privatbereich oder Naturschutzgebiete angeht.

Füttern: ja, nein, vielleicht? So schön es ist, mit den Enten dein Pausenbrot zu teilen, auch wenn sie dich so niedlich darum anbetteln: Füttern? Lieber nicht.

Erstens: Die Tiere verlernen, für sich selbst zu sorgen. Zweitens: Du bist nicht der einzige. Zähl doch mal mit, wie viele Menschen am Tag durch den Stadtpark gehen und wie viele Laibe Brot zusammenkommen, wenn jeder von ihnen nur ein, zwei Scheiben verfüttert. Die Tiere sind irgendwann satt, der verschmähte Rest bleibt im Wasser und fault. Und wenn der Teich klein ist und keinen richtigen Frischwasserzulauf hat, fault irgendwann auch das Wasser. Und drittens ist Brot sowieso nicht gut für Vögel und Enten, weil sie das Salz darin nicht vertragen.

Viertens: In manchen Städten ist es ausdrücklich verboten, Enten und andere Wildtiere, wie Eichhörnchen, zu füttern. (Das erfährst du bei eurer Stadtverwaltung oder im Bürgerbüro.)

Aber schön ist Füttern natürlich. Also: Wenn du es *ab und zu* machst, dann mach es richtig: Abfall fressen die Tiere in der Stadt schon genug: Für die Vögel nimm eine Handvoll Rosinen und Haferflocken mit, eine Möhre für die Eichhörnchen, Igel mögen Katzenfutter und Waschbären trockene Hundeleckerli.

So findest du dein Tier oder deine Pflanze im Buch

Ob du ein Tier oder eine Pflanze vor dir hast – das siehst du auf den ersten Blick. Deshalb habe ich dir das Buch auch genau so eingeteilt: Es gibt Pflanzen und Tiere. Die Tiere sind entweder Säugetiere oder Reptilien, Vögel oder Krabbeltiere. Jede Gruppe hat ihre eigene Farbe und ein kleines Symbol. Das findest du oben rechts auf jeder Seite. Daneben steht auch, wie groß deine Pflanze oder dein Tier jeweils ungefähr ist. Neben dem Foto findest du noch mehr kleine Bildchen – die zeigen dir, wo genau die Pflanze oder das Tier am liebsten lebt.

Willst du ein Beispiel? Die Amsel ist ein Vogel. Sie hat also die Farbe Orange und du findest sie auf den Seiten, die oben rechts eine orange Ecke haben und einen kleinen Vogel als Symbol.

Oder ihr macht es so: Blättert das Buch durch und versucht auf euren Streifzügen durch die Stadt der Reihe nach alle Tiere und Pflanzen zu finden. Wer am Ende des Tages die meisten entdeckt hat, ist Sieger!

Wie groß ist das Tier? Zu jedem Tier findest du die Größenangaben in Zentimetern oder in Metern. Bei den Reptilien wird die von der Maulspitze bis zur Schwanzspitze angegeben, bei den Säugetieren von der Nasenspitze bis zum hinteren Ende des Rumpfes.

Achtung, giftig! WICHTIG! Iss niemals Blätter oder Früchte, ohne vorher einen Erwachsenen zu fragen. Manche Pflanzen sehen harmlos aus und sind doch hochgiftig! Dieses Symbol sagt dir: Giftig!

Tiere und Pflanzen bestimmen

bis 9 cm

Hausmaus

Typisch Der lange Schwanz, das mausgraue Fell und die schwarzen Knopfaugen.

Kulturfolger Hausmäuse stammen eigentlich aus der Steppe und sind im Gepäck von Menschen in der ganzen Welt verbreitet worden. Weil sie es gerne warm haben, leben sie am liebsten in Häusern und Scheunen, oder neuerdings auch in muckelig warmen U-Bahn-Schächten. Sie schlafen tagsüber und gehen nachts auf Futtersuche. Hausmäuse nagen alles an, was irgendwie schmackhaft sein könnte: ob Dönerreste, Katzenfutter oder Gummistiefel.

Wie im Märchen ...

... von der Stadtmaus und der Landmaus ist es auch in echt: Stadtbewohner sind anders. Stadtamseln zwitschern Handymelodien, Stadtspechte trommeln auf Dachrinnen und manche Frösche hocken sich in einen Gulli, weil ihr Liebesgequake da viel besser hallt und schallt.

Stadtmaus und Landmaus.

Wanderratte

Typisch Das Fell ist bräunlich-grau, der Schwanz ziemlich lang und nackt.

So eine große Maus! Wenn du das denkst, dann wird dir eher eine Ratte über den Weg gehuscht sein. Sie leben eigentlich überall, wo Menschen wohnen, weil es da immer was zu fressen gibt. Aber weil sie schlau sind und sehr flink, gut klettern können und sogar schwimmen, sind sie meist schneller verschwunden, als du sie sehen kannst. Sie fühlen sich vor allem in Abwasserkanälen so richtig wohl, und die gibt es in der Stadt zuhauf.

Die Hausratte ist ein seltener Gast.

Selten: Hausratte

Wanderratten sind bei uns häufig, sie kamen vor ein paar Jahrhunderten mit Handelsschiffen nach Mitteleuropa. Davor gab es bei uns natürlich auch schon Ratten, nämlich Hausratten wie auf der Zeichnung. Die sind bei uns aber so selten geworden, dass sie unter Naturschutz stehen.

bis 35 cm

Bisam

Typisch Sieht aus wie eine schwimmende große Ratte mit plattem Schwanz.

Ist aber keine Ratte Wenn schon, dann müsste es Bisammaus heißen, denn Biologen sortieren Bisams zu den Wühlmäusen. Sie leben eigentlich in Nordamerika, wurden in Europa wegen ihres Fells in großen Farmen gehalten. Ausgebüxte Tiere haben sich ausgebreitet und leben an Seen, Teichen, Sümpfen, Flüssen und Bächen, auch in eurem Stadtwald oder im Park. Frühmorgens oder spätabends hast du die besten Chancen, sie zu beobachten.

Oder vielleicht ein Nutria?

Sie sind größer als Bisams, aber kleiner als Biber und haben anders als diese einen runden Schwanz, keinen platten. Nutrias heißen auch Biberratten. Es gibt sie nicht nur wildbraun, sondern auch noch in schwarz, weiß oder goldbraun.

Am runden Schwanz erkannt: ein Nutria.

Wildkaninchen

Typisch Klein, braungrau und etwas pummelig, mit relativ kurzen Ohren ohne schwarze Spitzen.

Vorfahr der Schoßkaninchen Wildkaninchen sind die Ahnen aller Hauskaninchen. Sie wohnen fast überall: auf Wiesen und im Wald, an grünen Böschungen und in Parks, sogar auf dem Friedhof. Hauptsache, die Erde ist locker genug, dass sie ihre weitverzweigten Baue buddeln können. Darin leben sie in Großfamilien und fressen Gräser und Kräuter, aber auch mal Schnecken und Würmer.

In Stuttgart wohnen Feldhasen.

Und wer ist das?

Oft sagt man auch Hase, wenn man ein Kaninchen meint. Dabei sind sie ziemlich unterschiedlich: Hasen sind viel größer und haben längere Ohren mit schwarzen Spitzen. Sie wohnen meist auf dem Land und nur selten in der Stadt. Wie der Feldhase auf der Zeichnung.

bis 25 cm

Eichhörnchen

Typisch Puscheliger Schwanz und im Winter kleine Haarbüschel an den Ohren. Das Fell ist rotbraun.

Die Affen unserer Wälder So nannte man sie früher, und tatsächlich kann man den flinken Flitzern beim Toben und Klettern stundenlang zuschauen. Im Herbst ist die beste Zeit dazu, weil sie da auf Vorratssuche für den Winter sind. Sie bauen ein Nest aus Zweigen, das man Kobel nennt. Im Stadtpark kannst du sie auch beobachten – und zack, sind sie schon auf den Baum gehuscht.

Neue Stadtaffen

... sind die aus Nordamerika stammenden Grauhörnchen: Sie sind grauer (klar), größer und haben keine Haarbüschel an den Ohren. Sie fressen sogar Abfall, vergreifen sich an Vögeln und sind ein bisschen dreist: Zur Not mopsen sie Leckerbissen direkt von der Picknickdecke.

Grauhörnchen sind größer.

Siebenschläfer

Typisch Grau mit hellem Bäuchlein und großen schwarzen Augen.

Noch nie einen gesehen? Das ist gut möglich, denn er ist nachtaktiv und deshalb am Tag nur selten unterwegs. Am liebsten lebt der Siebenschläfer da, wo es viele Bäume gibt: in Laub- und Mischwäldern, auf Obstbaumwiesen und in Gärten und Parks. Hoch oben turnt er herum. Der buschige Schwanz hilft ihm, das Gleichgewicht zu halten. Er frisst Bucheckern und Eicheln, aber auch Obst, Nüsse und Pilze.

Siebenschläfer sind Langschläfer

Und halten von Mitte September bis Ende Mai Winterschlaf – auch das könnte ein Grund sein, warum man sie so selten sieht. Sie überwintern in alten Spechthöhlen, manchmal auf Dachböden, auch mitten in der Stadt, und sehr gerne auch in leeren Vogelnistkästen – du kannst ja im Winter mal vorsichtig in ein paar hineinschauen.

Nur Murmeltiere schlafen länger ...

10 – 15 cm

Maulwurf

Typisch Kleines, samtschwarzes Tierchen mit großen „Händen" mit scharfen Grabekrallen daran.

Maul heißt nicht Maul Sondern ist ein althochdeutsches Wort: Molt, was so viel heißt wie Erde. Und Erde werfen, das tut er ja. Jede Menge sogar, zum Beispiel im Stadtpark, wenn er dort sein bis zu 200 m langes Gangsystem in der Erde buddelt, mit Schlaf-, Kinder- und Vorratskammern. Wie er sich einen Vorrat an seiner Leibspeise Würmern zulegt? Er beißt sie in den Kopf. Dann sind sie gelähmt und können nicht weg, bleiben aber frisch, bis der Maulwurf Hunger hat.

Blind ist er nicht

Richtig gut sehen kann er zwar wirklich nicht – warum auch, im Dunkeln unter der Erde kommt er mit seinem feinen Tastsinn und dem guten Riecher viel besser klar – aber blind ist er nicht. Schau genau hin, dann kannst du die klitzekleinen Augen erkennen.

Seine kleinen Augen sieht man kaum.

Igel

Typisch Spitze Stacheln auf dem Rücken. Schlurft nachts schnaufend und zischelnd durch Parks und Gärten und schmatzt beim Fressen.

Mag es unordentlich Wo Gärten und Parks nicht so aufgeräumt sind, gibt es viel Laub. Und in dem lebt viel, was er zum Fressen gern hat: Käfer, Schnecken, Spinnen. Und er kann sich darin verstecken, im Winter schlafen und ein Nest aus Moos für seine Jungen bauen. In Sommernächten zur Paarungszeit kannst du ihn am besten beobachten.

Ein Igelhaus aus Holz ist noch schöner.

Schnelles Igelhaus

Einen stabilen Karton umgedreht auf die Erde stellen, regenfest mit einer zerschnittenen Plastiktüte abdecken und ein Türchen nah am Boden hineinschneiden. Laub, Heu und Zweige kreuz und quer darauf übereinanderschichten, mindestens einen halben Meter. Fertig!

40 – 55 cm

Steinmarder

Typisch Langer Körper; langer, etwas buschiger Schwanz und vorne auf der Brust ein weißes Lätzchen.

Haus- oder Automarder So wird er auch manchmal genannt, weil er mittlerweile so häufig in Häusern wohnt. Abends und nachts kannst du ihn auf der Suche nach Fressbarem auf dem Dachboden oder durch den Garten rumpeln hören. Euer Auto zählt er zu seinem Revier und markiert es entsprechend. Parkt es mal im Revier eines anderen Marders, dann wird der sauer, randaliert und zerbeißt Schläuche und Kabel.

Marder und Familie

Zu den Mardern zählen Biologen auch Otter, Dachs, Iltis, Nerz und Wiesel. Die meisten von ihnen leben nur selten in der Stadt: Wiesel sind am liebsten auf Wiesen unterwegs und der dicke Dachs hockt die meiste Zeit in seinen unterirdischen Burgen im Wald.

Dachs, Steinmarder, Iltis, Wiesel.

Rotfuchs

Typisch Rotbraunes Fell und langer, sehr buschiger Schwanz mit weißer Spitze.

Ein wilder Hund Füchse sind Wildhunde; genauso wie Wölfe, Schakale oder Kojoten. In unseren Städten gibt es zwei Sorten: einmal die, die am Rand im Wald leben und nur nachts zum Fressen durch die Straßen streifen. Und die echten Stadtfüchse, die hier fressen, leben und Kinder bekommen: in gut versteckten Bauen auf Spielplätzen, bepflanzten Kreisverkehren oder im Gebüsch im Freibad.

Im Müll findet er immer etwas Essbares.

Fuchs, du hast die Gans gestohlen

Das war einmal. Heute fressen Füchse tote Tiere von der Straße und ernähren sich aus Mülleimern. Kein Wunder, dass sie ziemliche Virenschleudern sind und vom Floh bis zum Bandwurm alles Mögliche an Krankheitserregern mit sich herumtragen.

55 – 70 cm

Waschbär

Typisch Die schwarze Zorro-Maske über den Augen und der lange, weiß geringelte Schwanz.

Eigentlich aus Nordamerika Aber bei uns gefällt es ihnen auch nicht schlecht. Vor 80 Jahren sollen die ersten aus einer Pelzfarm ausgebüxt sein – mittlerweile sind Waschbären schon fast selbstverständlich, sogar in Berlin mitten auf dem Alexanderplatz wohnen welche. Manchmal ziehen Sie in Dachböden ein. Sie sind dämmerungsaktiv, aber nicht scheu, und deswegen ideale Beobachtungsobjekte für euch.

Was wäscht der Waschbär?

Bevor ein Waschbär etwas frisst – und Waschbären fressen (fast) alles – dreht und wendet er den Bissen und fieselt alles ab, was ihn stört. Wenn er dabei am Wasser sitzt, sieht es eben so aus, als würde er etwas abwaschen.

Er bereitet säuberlich seine Mahlzeit vor.

Wildschwein

Typisch Dickes, borstiges, dunkel graubraunes Fell. Die Kinder heißen Frischlinge und sind gestreift. Die Männer nennt man Keiler und sie haben Hauer.

Wohnen im Wald Aber zum Futtersuchen zockeln sie auf Felder und Wiesen. Weil bei uns immer mehr Mais angebaut wird, finden sie viel und vermehren sich prächtig. Komposthaufen und Fallobst locken die Wildschweine in Städte, Parks und Gärten. Ärgerlich ist besonders, dass sie bei ihrer Suche nach leckeren Larven den ganzen Rasen umwühlen.

Vorgarten mit Wildschweinbesuch.

Bitte nicht streicheln!

Stadt-Wildschweine sind nicht sehr scheu, aber zahm sind sie auch nicht: Wildschweinmütter sind angriffslustig, wenn sie Frischlinge haben; Keiler sowieso. Was tun? Ruhig, aber zügig den Rückzug antreten und notfalls auf einen Baum oder ein Gerüst klettern.

20 – 25 cm

Zauneidechse

Typisch Weg wie ein Blitz, sobald du ihnen zu nahe kommst. Die Männchen sind grün, die Weibchen sind braun.

Sonnig und mit gutem Versteck So mögen es Zauneidechsen. Weswegen sie oft entlang von Bahndämmen leben oder auf Friedhöfen und Stadtmauern. Das mit dem Schwanzabwerfen stimmt übrigens. Bei großer Gefahr knapsen sie sich ein Stück ab, der zuckende Rest täuscht den Angreifer. Aber: Es kostet das Tierchen viel Energie und der neue Schwanz wächst meist nur als Sparversion.

Eidechse weg?

Riskier doch trotzdem noch einen Blick auf das Mäuerchen. Da fühlen sich nämlich auch viele Pflanzen sehr wohl, manche auf der warmen, trockenen Seite, manche eher auf der feuchten, schattigen. Die kannst du in Ruhe ansehen.

Das Mauer-Zimbelkraut wächst im Vorgarten der Eidechse.

Ringelnatter

Typisch Schwarze Schlange mit gelben Flecken am Kopf.

Harmlos und nicht giftig Aber bitte trotzdem nicht anfassen. In Deutschland gibt es nämlich auch Kreuzottern, und manche davon sind genauso schwarz. Und die sind wirklich giftig! Ringelnattern schwimmen gerne und gut. Sie fressen daher am liebsten Wassergetier: Frösche, Kröten, Kaulquappen. In Städten gefällt es ihr auf warmen Steinen beim Sonnenbad oder in stehenden Gewässern. Am ehesten kannst du sie vormittags antreffen.

„Blinkende" Echse: eine Bildschleiche.

Sieht aus wie eine Schlange

Die Blindschleiche ist aber keine, sondern eine Echse. Blind ist sie auch nicht, sondern der Name kommt daher, dass sie so glänzt und blinkt. Sie kann bis zu einem halben Meter lang werden, hat es gern feucht und futtert Schnecken und Würmer.

9 – 12 cm

Teichfrosch

Typisch Grün mit dunklen Flecken und von Frühjahr bis Herbst am und im Wasser.

Quak, quak, quak Und das den ganzen Sommer lang, nicht nur – wie andere Frösche – zur Paarungszeit. Die ist im Frühling und danach schwimmen große Klumpen Eier im Parkteich. Aus diesem Laich schlüpfen bald die kleinen Kaulquappen, die erst aussehen wie Fische, aber sich dann in klitzekleine Froschkinder verwandeln. Die kommen im nächsten Frühling zu „ihrem“ Teich zurück, um selber Eier zu legen.

Wer wird denn hier eingezäunt?

Erdkröten. Und warum? Weil sie im Frühling an ihre Teiche kriechen, um zu laichen, oft lange Strecken und quer über Straßen. Damit sie nicht überfahren werden, werden sie in Eimern gefangen und von netten Menschen auf die andere Seite getragen – und nach der Paarung dann zurück.

Warziges Wesen mit goldenen Augen: Erdkröte.

14 – 16 cm

Haussperling

Typisch Die kleinen braun-beigen Vögel tschilpen den ganzen Tag. Männchen erkennst Du am schwarzen Latz unter dem Schnabel.

Familientier Haussperlinge, auch Spatzen genannt, fühlen sich nur wohl, wenn sie mit anderen Sperlingspaaren zusammen ihre Nester bauen. Sie haben sich vor über 10 000 Jahren dem Menschen angeschlossen und leben heute, außer in den Tropen, auf der ganzen Welt. In den Städten werden sie sehr zahm und hüpfen frech zwischen Tischen von Straßencafés herum.

Echte Dreckspatzen.

Vogel-Badewanne

Vögel brauchen Wasser, zur Kühlung oder Federpflege – und natürlich zum Trinken. Auch ein Sandbad nehmen sie gerne, damit wird man prima Flöhe und andere Parasiten los. Einfach eine große, flache Schale mit Spielsand füllen und hinstellen. Dann hast du immer Leben vor der Bude.

bis 12 cm

Blaumeise

Typisch Blau, gelb und grün, klein, flink und süß.

Der Nistkastenvogel Blaumeisen leben eigentlich im Wald und brüten in Höhlen von morschen Bäumen. Heute leben auch ganz viele in Stadtparks und Gärten. Sie fressen am liebsten Krabbeltiere und Sämereien. Und dabei sind sie super geschickt: Sie klammern sich auch an ganz dünne Zweige, picken kopfüber hängend nach Krabbeltieren und im Winter turnen sie lässig an Meisenknödeln.

Meisen, Meisen, Meisen

Die Kohlmeise, die Haubenmeise und die kleine Tannenmeise kennst du vielleicht schon. Aber es gibt noch viel mehr Arten, auf der Welt mehr als 50 verschiedene. Bei uns kannst du noch Sumpfmeisen, Schwanzmeisen, Beutelmeisen, Weidenmeisen und Bartmeisen antreffen.

Kohlmeise, Haubenmeise, Tannenmeise.

bis 14 cm

Rotkehlchen

Typisch Kleiner, graubrauner Vogel mit rotem Latz. Meist im unteren Gestrüpp oder auf dem Boden unterwegs.

Sind bodenständig Rotkehlchen nisten auch am liebsten in Bodennähe und mögen auch lieber unten fressen: Wenn du ihnen im Winter Futter anbieten willst, streu es auf die Erde. Zu schwankenden Futtersilos fliegen sie nämlich nicht hinauf. Du kannst sie übrigens sogar im Winter manchmal singen hören, auch wenn gar keine Paarungszeit ist. Sie stellen nur ab und zu klar, dass das immer noch ihr Revier ist.

Frisst am liebsten vom Boden.

Rotkehlchen in deinem Stadtgarten?

Dann such im Herbst eine windgeschützte Ecke aus, ein paar Sträucher oder Büsche wären perfekt. Dort schichte eine Burg aus Reisig und Laub auf. Das ist ein tolles Winterversteck und vielleicht brütet es im Frühjahr dort auch.

bis 23 cm

Buntspecht

Typisch Nur ein bisschen bunt: weiß, schwarz und rot.

Bescheidener Vogel Daher kommt er in Städten und Parks prima zurecht: Irgendeine kleine Höhle tut's als Nest, als Fressen reichen ihm ein paar Krabbeltiere, auch mal ein Meisenknödel oder etwas aus dem Futterhäuschen. Echte Stadtspechte hämmern nicht nur auf Stämme, sondern auch auf Schilder und Dachrinnen, das klingt noch imponierender. Das schnelle Hämmern hat nichts mit Fressen suchen oder Höhlen bauen zu tun, sondern soll heißen: Das ist mein Revier!

Der Grünspecht

Wohnt am Waldrand und fliegt zur Nahrungssuche in Schrebergärten. Dort stochert er nach Ameisen, die er mit seiner langen, klebrigen Zunge aus dem Boden angelt – was anderes frisst er so gut wie nicht. Wenn im Winter der Boden hart gefroren ist, muss er hungern.

Der Grünspecht jagt am Boden.

Mauersegler

Typisch Sieht aus wie eine große Schwalbe, ist aber komplett bräunlich-schwarz.

Kommt spät, geht früh Ab Mai sausen sie schrill rufend durch unsere Stadtluft und jagen fliegende Krabbeltiere – bis August, dann ziehen sie wieder los, 10 000 km bis nach Südafrika. Ihre Nester bauen sie in Nischen unter Dächern. Weil davon immer mehr saniert werden, sind sie auf nette Menschen angewiesen, die ihnen Nistkästen bauen, ziemlich groß und ziemlich hoch oben. Vielleicht eine Idee für die nächste Projektwoche?

Show-Time für den Mauersegler.

Flugschau

Verglichen mit dem Mauersegler können alle anderen Vögel nur flattern. Sie gleiten über und um die Dächer und kurven durch die Straßen wie Artisten, mit bis zu 200 km/h. Und machen auch alles andere im Flug: jagen, schlafen, balzen, sich paaren – nur zum Brüten landen sie.

24 – 27 cm

Amsel

Typisch Männchen schwarz mit knallorangem Schnabel, Weibchen braun.

Eigentlich ein Vogel des Waldes Dort ist sie auch heute noch anzutreffen, aber auch in jedem Park und Garten gibt es Amseln. Ihr Fressen suchen sie sich meist am Boden: Würmer, Käfer, aber auch Beeren, Kirschen und Äpfel mögen sie. Amseln sind sogenannte Freibrüter, sie bauen sich ihr Nest in Hecken und Sträuchern und ziehen nicht in Nistkästen.

Gesang am Morgen

Zwischen März und Juli, in der Morgendämmerung, singen und zwitschern die Amselmänner um die Wette. Klingt schön, ist aber eine beinharte Ansage an andere: Dieses Revier ist meins! Und die Weibchen hören: Aha, ein Mann mit Grundbesitz, das ist bestimmt eine gute Partie.

Amselfrau beim Apfelklau.

Dohle

Typisch Schwarze Federn, grauer Hinterkopf, kräftiger Schnabel und helle Augen.

Häuserbrüter Dohlen sind Felsenbrüter; deswegen leben sie auch gerne in Städten. Häuser oder Felsen – das ist ja kein großer Unterschied. Allerdings wird Wohnraum knapp, weil es kaum noch alte Gemäuer gibt, die nicht durch spiegelnde Glasfassaden ersetzt oder saniert und zugedämmt werden. Dohlen fressen alles: Fliegen, Schnecken, Würmer, Getreide, Müll und sogar die Küken von anderen Vögeln.

Mag alles, was glänzt: die Elster.

Nicht verwechseln …

… mit Elstern: Ihr Schwanz ist länger und an Flügeln und Bauch haben sie weiße Stellen. Sie sind meist alleine unterwegs und nicht in Banden wie die Dohlen. Verspielt sind sie aber auch, und sie stibitzen gerne Glitzerndes und Glänzendes. Warum, weiß man nicht genau.

31 – 34 cm

Stadttaube

Typisch Grau und am Hals ein bisschen grün und lila; ziemlich zutraulich und überall.

Geliebt und gehasst Unsere Stadttauben stammen von verwilderten Haus- und Brieftauben ab, die wiederum vor Jahrhunderten aus der wilden Felsentaube gezüchtet wurden. Kein Wunder, dass sie sich in den felsenähnlichen Stadtlandschaften so wohl fühlen. Und: weil Tauben Allesfresser sind, finden sie in der Stadt immer viel zu futtern: ob Holunderbeeren im Stadtpark, Krümel vor der Bäckerei oder ein bisschen was aus dem Mülleimer.

Botschafter und Spion

Eine Taube war es, die Noah die Nachricht brachte, dass die Sintflut vorüber sei. Noch im Ersten Weltkrieg waren Brieftauben als fliegende Spione im Einsatz. Sie wurden sogar in Berlin mit einem Kriegsbrieftauben-Denkmal geehrt.

Früher: Agent Taube im Einsatz.

Ringeltaube

Typisch Größer und dicker als eine normale Stadttaube, mit rosa-gelblichem Schnabel. Am Hals hat sie auf jeder Seite einen weißen Fleck.

Größte Taube Mitteleuropas Ihr Schwanz ist ziemlich lang und der Kopf eher klein. Wenn sie fliegt, dann kannst du sie von unten gut an den weißen Streifen an den Flügeln erkennen. Lieber als in der Stadt wohnt sie eigentlich im Wald, am liebsten im Nadelwald. Sie pickt gerne Eicheln, Bucheckern und Getreidesamen, in der Stadt tun's auch Brotkrumen.

Türkentauben schnuppern gerne Stadtluft.

Klein und hübsch

Türkentauben sind die dritte Taubenart, die du auf dem Marktplatz oder im Park treffen kannst; und meistens auch nur da. In der freien Wildnis sieht man die aus dem Nahen Osten stammenden Vögel bei uns selten. In der Stadt ist es schön warm und zu fressen gibt es auch genug.

32 – 34 cm

Kuckuck

Typisch Sein Ruf: Kuckuck. Sieht aus wie eine Mischung aus Taube und Sperber. Die Männchen sind grau, die Weibchen mal grau, mal braun.

Sehr selten In der zweiten Aprilhälfte kommen die Vögel aus dem Winterquartier zu uns. Er kommt fast überall vor, auch in Städten, dort aber eher nur am Stadtrand. Er frisst fast nur Krabbeltiere, ist da aber nicht wählerisch: Ob saftiges Würmchen oder behaarte, giftige Raupen, knackiger Käfer oder stinkende Wanze, ist ihm egal.

Schon mal ein Kuckucksnest gesehen?

Bestimmt nicht, denn er baut gar keins. Kuckucke brüten auch nicht. Sie schmuggeln jedes ihrer Eier in ein fremdes Nest. Weil sie ähnliche Federn haben wie Falken oder Sperber, verlassen kleine Singvögel ihr Nest und bringen sich in Sicherheit. Und – schwupps – liegt darin ein Ei mehr.

Kuckuck mit Stiefmutter.

Blässhuhn

Typisch Weißer Schnabel, weiße „Blesse“, sonst schwarz und ungefähr so groß wie eine Taube.

Huhn oder Ente? Weder noch. Trotz des Namens ist es biologisch gesehen gar kein Huhn, auch keine Ente, sondern eine Ralle. Schau Dir mal die Füße an: Sie sind ziemlich groß und haben Schwimmlappen – statt Schwimmhäute wie bei den Enten. Blässhühner nisten zwischen Schilf und Binsen und sind im Stadtpark oft sehr zutraulich.

Der kleine Verwandte: Teichhuhn.

Blässhühner mit rotem Gesicht?

Das sind dann Teichhühner (oder strenggenommen: Teichrallen). Sie leben zurückgezogener als Blässhühner, sind beim Essen wählerischer (fressen kaum Müll und altes Entenbrot), sind kleiner und haben grüne Beine.

bis 50 cm

Stockente

Typisch Die Männchen sind bunt mit grünem Kopf, die Weibchen braungestrichelt. Beide haben blaue Felder an den Flügeln.

Allesfresser Ob See, Fluss, Gartenteich oder Graben, Stockenten wohnen überall, wo es ein bisschen Wasser gibt. Und genug zu fressen: Muscheln, Würmer und Wasserpflanzen sind ihre eigentliche Nahrung, nach der sie gründeln – wie im Kinderlied: „Köpfchen in das Wasser, Schwänzchen in die Höh". In Stadtparks sind sie relativ zutraulich und manchmal ziemlich aufdringlich.

Schöne Federn

Im späten Sommer kannst du besonders gut auf Federsuche gehen. Denn dann sind die Vögel in der Mauser, das heißt, sie bekommen neue Federn – und verlieren die alten. Die in der Zeichnung hier stammen von Stockente, Elster, Rabenkrähe und Eichelhäher.

Noch mehr blaue Federn.

Reiherente

Typisch Eher klein und ein bisschen crazy mit ihren leuchtend gelben Augen und dem Federzöpfchen. Die Männchen sind schwarz-weiß, die Weibchen dunkelbraun.

Tauchente Reiherenten gründeln nicht, sondern tauchen. Das heißt, sie verschwinden ganz unter Wasser, um nach Muscheln und Schnecken zu suchen: bis zu 14 m tief und bis zu 1000 Muscheln am Tag. Nach einer kleinen Weile flutschen sie plötzlich wieder hoch. Wenn im Winter der Stadtteich zufriert, fliegen sie ans Meer.

Stammt aus China: die Mandarin-Ente.

Sieht die schön aus!

Ist aber so robust wie kaum eine andere Ente: Die Mandarin-Ente stammt aus Nordostchina, wo es sehr kalt werden kann. Sie wurde bei uns von Menschen ausgesetzt, weil sie so schön aussieht. Am liebsten mögen Mandarin-Enten Teiche mit Wäldern am Ufer.

90 – 100 cm

Kanadagans

Typisch Schwarze Füße, schwarzer Kopf mit weißem Kinnband, grauer Körper und ziemlich groß.

Eigentlich aus Kanada Das sagt der Name ja schon. Vor ein paar hundert Jahren brachte jemand die ersten Exemplare aus Nordamerika mit nach England – und setzte sie aus, als Jagdwild. Seit dem letzten Jahrhundert leben sie auch in Deutschland und sie fühlen sich hier so wohl, dass sie mittlerweile in fast jedem Stadtpark lebt. Kanadagänse sind die größten Gänse bei uns.

Die Graugans ...

... ist die einzige eigentlich bei uns heimische Gänseart und Ahnherrin aller Hausgänse. Eigentlich Zugvögel, die im Winter in den Süden fliegen, bleiben die meisten Tiere mittlerweile auch im Winter bei uns. Es sind Standvögel geworden, so nennen Vogelkundler das. Vielleicht weil die Winter wärmer werden? Genau weiß man es nicht.

Eine wachsame Graugans.

Höckerschwan

Typisch Schwanenweiß mit rotem Schnabel und schwarzer Maske. Und sehr groß.

Kinderwagen auf dem Wasser In der Stadt schwimmen sie auf dem Fluss oder im Teich. Aber Schwimmen ist ganz schön anstrengend. Auch für Schwanenkinder. Deswegen dürfen sie ab und zu bei Mama auf dem Rücken ausruhen. Achtung: Schwäne sind angriffslustig, besonders wenn sie Junge haben. Kommt einer mit gebogenem Hals und schlagenden Flügeln auf dich zu, dann meint er es ernst. Geh lieber weg.

Schwänin Petra und ihre große Liebe.

Verliebt ins Tretboot

In Münster lebte mal ein Trauerschwan-Weibchen, die sich in ein schwanenförmiges Tretboot „verliebt" hat. Den ganzen Sommer schwamm es dem Boot hinterher. Im Winter lebten die beiden zusammen im Zoo. Mittlerweile ist Petra aber mit einem echten Schwan zusammen.

33 – 39 cm

Lachmöwe

Typisch Kleine, weiße Möwe mit roten Beinen und hellgrauen Flügeln; im Winter fast ganz weiß, im Sommer im Prachtkleid mit schwarzbrauner Maske.

Isst alles, ist überall Die Lachmöwe kann du überall antreffen, nicht nur im Urlaub am Strand, sondern besonders im Winter auf Äckern, Wiesen, Müllkippen und im Stadtpark. Hauptsache, es gibt Futter. Und weil sie alles frisst, gibt es immer etwas für sie: Würmer, Mäuse Fische, Aas und Abfall. Sie plündert sogar Nester und klaut anderen Vögeln das Futter aus dem Schnabel.

Kinderkleidung

Lachmöwen brüten in Kolonien, also mit vielen anderen Möwen zusammen. Im Juni schlüpfen kleine, hellbraune, puschelige Küken aus den Eiern. Es dauert zwei Jahre, bis dieses Jugendkleid ganz weiß geworden ist. Dann ist die Möwe erwachsen, kann sich paaren und um einen Nistplatz rangeln.

Jugendkleid und Prachtkleid.

75 – 95 cm

Kormoran

Typisch Die großen, lackschwarzen Vögel hocken oft mit ausgebreiteten Flügeln auf den Bäumen, um ihre vom Tauchen nassen Federn zu trocknen.

Macht die Bäume tot Wenn du im Sommer kahle Bäume im Park siehst, dann schau mal hoch, ob da nicht ein Kormoran sitzt. Oder viele. Die Bäume können den Kot nicht gut ab, er ätzt ihnen regelrecht die Blätter weg. Vielleicht ist der Kormoran aber auch gerade unter Wasser, Fische fangen: Kormorane können bis zu 10 m tief tauchen und bis zu einer Minute lang.

Grau- und Silberreiher.

Reiher am Stadtparksee

Graureiher – die grau sind, ein schwarzes Zöpfchen am Hinterkopf haben und manchmal auch Fischreiher genannt werden – und Silberreiher: Die sind etwas größer, weiß mit gelbem Schnabel und grün um die Augen.

35 cm

Turmfalke

Typisch Kleiner, braungescheckter Greifvogel, ruft laut „gigigi“ oder „kikiki“. Das klingt fast so, als würde jemand kichern.

Stadt- und Parkfalke Turmfalken brauchen Türme – klar. Heute sind sie geradezu typisch für Kirchtürme. Aber als es noch keine Türme gab? Da haben sie ihre Nester auf Felsen gebaut oder auf hohen Bäumen. Von unten kannst du den Turmfalken oft im Rüttelflug sehen – er steht dann quasi in der Luft und sobald er etwas erspäht, stürzt er runter und – schwupps – gibt es eine Maus weniger.

Gewölle

Die findest du, wo Turmfalken wohnen oder Eulen oder andere Greifvögel. Sie bestehen aus kleinen Knochen, Federn und Fell: all das, was die Vögel nicht verdauen konnten und wieder hochgewürgt haben. Man kann auch Speiballen dazu sagen – klingt aber auch nicht leckerer.

So würgt er ein Gewölle hervor.

Waldkauz

Typisch Der schaurige „Huuuu-huhuhuhu-huuuu"-Ruf – den kennst du bestimmt aus Filmen oder Hörspielen. In echt hörst du Waldkäuze am ehesten abends im Spätherbst und im März zur Paarungszeit.

Stadtkauz Diese eher kleine Eule mit den großen, dunklen Augen brütet gerne in Mauernischen von Gebäuden oder Dachböden und in Baumhöhlen und deshalb oft in Gärten und Parks. In der Dämmerung fliegt sie los, um Mäuse und andere Kleintiere zu fangen, die sie dann im Schnabel zu den Küken trägt – oder selber frisst.

Können nocht nicht fliegen, aber klettern.

Wir sind nicht einsam

Waldkauzkinder kommen aus dem Nest, bevor sie fliegen können. Aber bitte nicht „retten" und mitnehmen. Die Kleinen werden nach wie vor regelmäßig von den Eltern versorgt – und notfalls auch aggressiv verteidigt. Waldkäuze haben scharfe Krallen!

5–20 cm

Wegschnecke

Typisch Etwa fingerlange Schnecken ohne Häuschen, in orangerot und schwarz.

Mal weg, mal auf dem Weg Bei Trockenheit verkriechen sie sich, aber nach einer regnerischen Nacht kriechen sie zuhauf über deinen Schulweg. Sie sind mit einem unappetitlichen Schleim umgeben, der es vielen anderen Tieren verleidet, sie zu fressen. Fühlen sie sich bedroht, dann ziehen sie sich zu einer Kugel zusammen. Stups einfach mal eine an, dann siehst du es selbst.

Die Kleinen mit Haus …

… heißen Schnirkelschnecken. Es gibt sie in ganz verschiedenen Farben und Mustern. Wiesenschnecken sind heller, weil sie dann nicht so auffallen und deshalb auch nicht so schnell gefressen werden; Waldschnecken sind eher dunkel und gescheckt.

Schön gemustert: Schnirkelschnecken.

Silberfischchen

Typisch Ein silbergraues Insekt ohne Flügel, das du am besten nachts auf dem Klo treffen kannst.

Flink wie ein Fisch Wenn du tatsächlich mal eins erwischt hast, schau es dir genauer an: Es hat sechs Beinchen, zwei Fühler und ist geschuppt wie ein Mini-Gürteltier. Silberfischchen verstecken sich tagsüber in dunklen Ritzen und Fugen, hinter Sockelleisten und losen Tapeten, überall wo es warm und ein bisschen feucht ist, also gerne im Bad und in der Küche.

Ein Ohrenkneiferhotel.

Ein bisschen wie Ohrenkneifer

Aber nah verwandt sind sie nicht. Ohrenkneifer leben auch lieber draußen. Sie fressen gerne Blattläuse. Lade sie in deinen Garten ein: Stopfe Heu oder Stroh in einen Blumentopf und stecke den mit der Öffnung nach unten auf einen Stock oder hänge ihn an einen Baum.

1,5 – 2 cm

Kellerassel

Typisch Kleiner, grauer „Panzer“ auf 14 Beinchen.

Ein Krebs auf Landgang Kellerasseln wohnen im Wald, im Keller, unter Baumstämmen und in Komposthaufen und Mauerritzen. Hauptsache, es ist feucht; denn sie sind eigentlich kleine, an Land lebende Krebse und sie atmen tatsächlich mit Kiemen. Beim Essen sind sie nicht sehr anspruchsvoll, ein paar verrottete Pflanzenstücke reichen schon. Schau mal in eurem Stadtpark unter einem Stein nach, sicher findest du dort ein paar von diesen Krebstierchen.

Assel-Terrarium

Leere Eisdose zur Hälfte mit feuchter Komposterde füllen; Steine, Holzstückchen und Borke obendrauf als Versteck; Laub und Kartoffelstückchen dazwischen – als Futter: Und dann fang dir ein paar Asseln. Feucht halten, am besten mit abgestandenem Leitungswasser aus einer Sprühflasche.

Ein Assel-Terrarium ist schnell gebaut.

Spannweite
3,5–4 cm

Gamma-Eule

Typisch Ist grau bis braun und hat auf seinen Vorderflügeln ein Muster, das aussieht wie das „Gamma“ aus dem griechischen Alphabet: γ.

Keine Eule Sondern ein Nachtfalter. Du kannst die Gamma-Eule in eurer Stadt, in Gärten und an Balkonblumen beobachten. Sicher fündig wirst du rund um eine Straßenlaterne, denn das Licht zieht sie – und viele andere Insekten – magisch an. Weswegen dort auch oft Spinnen und Fledermäuse zu treffen sind, denn auch die wissen, wo etwas zu holen ist.

Taubenschwänzchen bei der Nektarsuche.

Ein Kolibri?

Vermutlich hast du ein Taubenschwänzchen entdeckt. Wenn dieser Falter im Schwirrflug vor den Balkonblumen herumtanzt, dann sieht er ein bisschen so aus wie ein Kolibri. Taubenschwänzchen haben ein gutes Gedächtnis und merken sich reiche Nektarblumen und gemütliche Schlafplätze.

Spannweite
5 cm

Zitronenfalter

Typisch Die Männchen sind knallgelb, die etwas blasseren (Foto oben) sind die Weibchen.

Frühlingsbote Zitronenfalter überwintern in der freien Natur. Selbst bei Schnee und Eis hocken sie einfach im Gebüsch und lassen sich sogar zuschneien. Wieso sie nicht erfrieren? Weil Salze in ihrer Körperflüssigkeit verhindern, dass ihr Blut zu Eis wird. Schön für uns. Denn so können sie, sobald die Sonne scheint, durch die Luft gaukeln, manchmal schon im Februar.

Raupe Nimmersatt

Dieses Kinderbuch kennst du bestimmt. So funktioniert es bei allen Tag- und Nachtfaltern: Erst sind sie Eier, dann gefräßige Raupen, dann verpuppte Kokons und nach ein paar Wochen ein wunderschöner Schmetterling. Das nennt man Metamorphose – Verwandlung.

Raupe, Puppe, frischer Falter.

Spannweite
6 cm

Tagpfauenauge

Typisch Der große bunte Fleck auf jedem aufgeklappten Flügel, der mit etwas Fantasie wie ein Auge aussieht.

Brennnesselfan Gut, dass es Brennnesseln auch in der Stadt gibt, denn viele Schmetterlingsraupen fressen nichts lieber als Brennnesseln. Auch die des Tagpfauenauges. Die fertigen Falter brauchen dann Blütennektar. Heiß geliebt ist der Strauch auf dem Foto, der Schmetterlingsflieder oder Buddleja heißt. Den gibt es auch in klein für den Balkon.

Kleiner Fuchs, Distelfalter, Admiral.

Noch mehr Schmetterlinge

Schon früh im Jahr kannst du den Kleinen Fuchs sehen. Der Admiral ist ein Wanderfalter. Er kommt im Frühling aus dem Süden, legt Eier, und die neuen Schmetterlinge ziehen im Herbst wieder ans Mittelmeer. Auch häufig: der Distelfalter, dessen Raupen lieber Disteln fressen.

5–9 mm

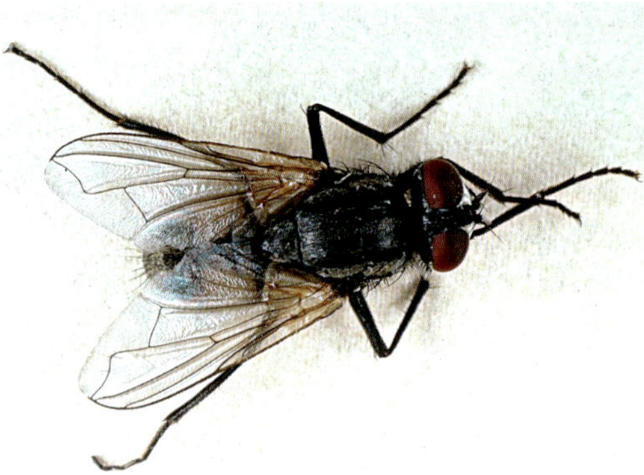

Stubenfliege

Typisch Schwarz mit rotbraunem Kopf – wobei das eigentlich nur ihre riesigen Augen sind.

Facettenaugen Jedes dieser Augen besteht aus Hunderten einzelner Augen, wie bei ganz vielen anderen Insekten. Damit sehen sie zwar nicht besonders scharf, aber rundherum in alle Richtungen gleichzeitig und schnell. Egal, wie blitzschnell Du sie mit der Hand fangen willst: sie sieht sie wie in Zeitlupe kommen – und ist oft schon weg, bevor du sie erwischt haben könntest.

Auch in der Stube

... aber viel kleiner, nur etwa zwei Millimeter groß, sind die Fruchtfliegen, die im Sommer wie aus dem Nichts ein Stück angebissenes Obst oder einen Rest Saft im Glas umschwärmen. Ein Weibchen legt etwa 400 Eier und nach nur zwei Wochen ist der Nachwuchs schon wieder geschlechtsreif.

Fruchtfliege – auch Essigfliege genannt.

Florfliege

Typisch Zart wie eine Elfe, hellgrün, mit goldenen Augen und vier durchsichtigen Flügeln.

Nektarsucher Im Sommer fliegen sie ein bisschen taumelig von Blüte zu Blüte, um Pollen und Nektar zu naschen. Im Winter verkriechen sie sich in kleinen Ritzen und fallen in eine Art Winterstarre. Sollte sich eine Florfliege in euer Haus verirrt haben, dann lass sie wieder raus. Im Warmen würde sie „auftauen" – braucht dann aber Nektar, und den findet sie im Haus ja nicht.

Die Larve ist ein Blattlausjäger.

Das zarte Elfchen ...

... war als Larve ein echtes Raubtier und hat Unmengen Blattläuse vertilgt, weswegen man sie auch als Blattlauslöwe bezeichnet. Sie ergreifen die Blattlaus mit ihren Mundwerkzeug-Zangen und saugen sie aus.

1–1,5 cm

Honigbiene

Typisch Beige und dunkelbraun gestreift und mit einem leichten Pelz.

Honigproduzenten Bienen sind ursprünglich im Wald zu Hause. Heute leben sie überall, wo sie von Imkern gehalten werden. Sie fliegen von Blüte zu Blüte und sammeln Pollen und Nektar; nebenbei bestäuben sie so die Blumen. Weil es in den Städten ebenso viele Blumen gibt wie auf dem Land – in den Parks, Gärten und auf den Balkons –, stellen heute viele Imker ihre Bienenstände auch dort auf, meist auf flachen Häuserdächern.

Königin auf Wohnungssuche

Im frühen Frühling kannst du manchmal eine dicke Hummel sehen: Das ist die Königin, die den Winter überlebt hat und jetzt einen Platz sucht für ein neues Nest. Manchmal macht sie schlapp. Du kannst ihr helfen: Setze sie in die Sonne und gib ihr Zuckerwasser.

Eine Erdhummel-Königin stärkt sich.

Rote Mauerbiene

Typisch Fast so pelzig wie ein Hummel, aber nicht so dick und – wie der Name sagt – rötlich.

Maurerbienen Könnte man auch sagen, denn sie bauen für jedes ihrer Eier ein eigenes kleines Zimmerchen. Dafür brauchen sie Ritzen und Löcher im Mauerwerk oder hohle Ästchen oder Blumenstängel; dann kommt ein bisschen Nektar rein und Blütenpollen, dann ein Ei, dann wird die Kammer mit Lehm verschlossen. Darin wachsen die Larven auf. Im nächsten Frühjahr schlüpfen die fertigen Bienen dann aus ihren Zimmern.

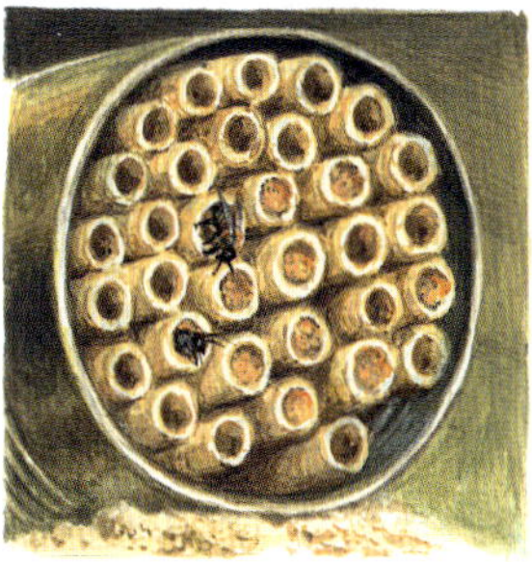

Ein Mauerbienenhotel.

Schnell gebaute Nisthilfe

Du brauchst ein Stück Holz, in das du Löcher von 2 bis 6 mm Durchmesser und 20 bis 60 mm Tiefe bohrst. Oder ein Bündel Schilf oder hohle Bambusstängel in einer Konservendose. Das kommt im Frühling an einen warmen, geschützten Platz und dann schau, ob es bewohnt wird.

1–2 cm

Wespe

Typisch Schwarzgelb gestreift. Durch die dünne Wespentaille wirkt sie wie in zwei Teile geteilt.

Lästige Mitesserin Nur die Wespenkönigin überwintert, ganz starr in einem Unterschlupf. Im April erwacht sie, sucht nektarhaltige Blüten und fängt an, ein Nest zu bauen. Dazu zerkaut sie Holz zu Pappmaschee. Sie baut gerne unter Dächern oder in Rolladenkästen, wo wir Menschen sie eigentlich nicht haben wollen. Im Hochsommer sind die Nester dann voller Wespen-Arbeiterinnen. Und alle wollen etwas von deinem Eis, Kuchen oder Würstchen abhaben.

Gelbschwarz schreckt ab

Nicht nur Menschen haben Respekt vor Bienen, Hornissen oder Wespen. Auch Vögel und andere insektenfressende Tiere lassen sie lieber unbehelligt. Das nutzt die Schwebfliege: Sie ist absolut harmlos, trägt aber ein gelbschwarzes Muster. Zur Abschreckung.

Schwebfliege – abschreckende Verkleidung.

Schwarze Wegameise

Typisch Dunkelbraun bis schwarz, klein und krabbelig. Die kleinen Nesthügelchen findest du oft um Grashalme oder Pflanzenstängel herum.

Arbeitstier Ameisen sind unwahrscheinlich anpassungsfähig. Klar, dass sie auch in Gärten und Städten leben. So faszinierend sie sind, im Haus wollt ihr sie wahrscheinlich nicht haben. Wo eine ist, kommen bald viele. Also trag sie schnell wieder raus und streue quer zu ihrem Weg ein Tütchen Backpulver aus. Weil Ameisen nach Geruch navigieren, wirkt das wie eine Schranke.

Ameisen mit Flügeln.

Fliegende Ameisen

... gibt es einmal im Jahr. Es sind die jungen Königinnen und die Männchen, die an warmen Hochsommertagen gemeinsam losfliegen und sich in der Luft paaren. Die Männchen sterben dann, die jungen Königinnen werfen die Flügel ab und gründen einen neuen Staat.

bis 1 – 1,5 cm

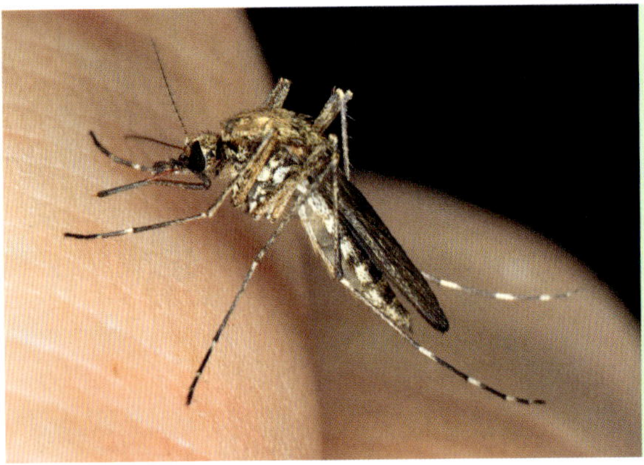

Stechmücke

Typisch Manchmal siehst du sie nicht, sondern hörst nur ihr hohes „srrrrsrrrr“. Oder du merkst an den Quaddeln, dass dir eine begegnet sein muss.

Nur die Weibchen stechen Sie brauchen das Blut, besser gesagt das Eiweiß darin, damit sie schön viele Eier heranwachsen lassen können, die sie meist ins Wasser legen. Aus den Eiern schlüpfen bald die Mückenlarven: Sie hängen kopfüber an der Wasseroberfläche. Bei Gefahr tauchen sie blitzschnell weg.

Hilft Kratzen gegen Mückenstiche?

Ja, weil Schmerzen schneller ans Gehirn geleitet werden als Jucken und so das Jucken überdecken. Nein, weil durch das Kratzen die Mückenspucke mehr verteilt wird und es dann noch mehr juckt. Was hilft: ein Kühlbeutel, eine halbe Zwiebel oder eine Scheibe Zitrone.

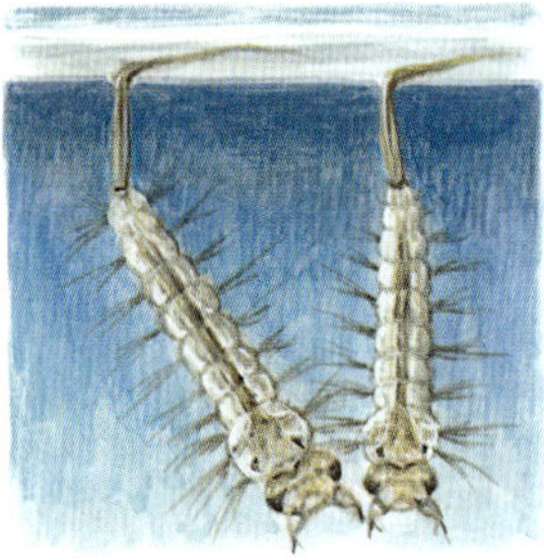

Mückenlarven – kopfüber im Wasser.

Glühwürmchen

Typisch In Sommernächten unterwegs: Die Weibchen leuchten unten im Gras, die Männchen schwirren herum.

Keine Würmer Sondern: Glühwürmchen sind Käfer und heißen darum auch Leuchtkäfer. Vielleicht hast du sie abends schon mal in eurem Stadtpark gesehen. Wenn sie das tagsüber in einem speziellen Bauchteil gespeicherte Licht nachts wieder abgeben, dann werden sie nicht heiß und glühen, sondern sie leuchten nur – wie fluoreszierende Aufkleber. Die Weibchen sehen aus wie Larven, die Männchen wie richtige Käfer.

Dein eigenes Glühwürmchen.

Basteltipp

Puste einen Wasserbomben-Ballon auf, beklebe ihn mit Kleister und Transparentpapier. Nach dem Trocknen ein Loch reinschneiden, Ballonreste abfieseln, Drahtbügel oder Schnur dran, Flügelchen dran und ein „kaltes" LED-Licht rein – keine echten Kerzen. Es würde dann Feuer fangen.

0,5 cm

Marienkäfer

Typisch Hellrote Kugel mit schwarzem Kopf und sieben schwarzen Punkten – beim Siebenpunkt-Marienkäfer (Foto).

Viele Mythen Sie sind immer rot und schwarz, an den Punkten kann man erkennen, wie alt der Käfer ist; wer sie ärgert, den pinkeln sie an. Was stimmt? Eigentlich nichts. Das Gelbe ist kein Pipi, sondern eine Art Abwehrgift, das eklig schmeckt und riecht. Die Punktezahl hängt von der Art ab, es gibt welche mit zwei oder sieben Punkten und welche, die so viele haben, das sie wie gesprenkelt aussehen. Und es gibt sogar gelbe Marienkäfer.

Noch ein typischer Käfer

Bevor er zum Käfer wird, lebt er als dicke weiße Larve, als Engerling, viele Jahre in der Erde. Anfang Mai kommt der dicke, braune Käfer heraus und lebt dann noch vier Wochen. Der Name „Maikäfer“ passt also perfekt.

Maikäfer, flieg!

Feuerwanze

Typisch Rotschwarze Insekten, die schon früh im Jahr in Massen an sonnigen, steinigen, lückigen Stellen herumkrabbeln.

Feuerkäfer So werden sie auch genannt. Aber es sind Wanzen – achte mal auf die ganz andere Körperform. Keine Angst, nur die Bettwanzen saugen beim Menschen Blut. Feuerwanzen saugen lieber an herabgefallenen Lindenfrüchten. Wie alle Wanzen scheiden sie eine widerlich riechende Substanz aus, wenn sie sich bedroht fühlen. Ein Vogel, der einmal eine probiert hat, der merkt es sich fürs Leben.

Grüne Stinkwanze – stinkt fürchterlich.

Eklige Brombeere erwischt?

Die Grüne Stinkwanze hinterlässt einen ekligen Gestank. Wenn du also eine ganz widerlich bittere Himbeere oder Brombeere erwischst, dann weißt du, wer vor dir da war. Und du weißt auch, wie ein Vogel sich fühlt, wenn er eine Wanze gefressen hat: einfach grässlich.

Körperlänge
5–9 mm

Fensterspinne

Typisch Kurzbeinige, recht große Spinne mit einem dunklen Fleck auf dem Hintern.

Unordentliches Netz So sieht es zumindest aus, denn es ist locker und weitmaschig gesponnen – eine ideale Falle für Fliegen und andere Insekten. Fensterspinnen gibt es nicht nur an deinem Fenster, sondern auch in eurem Keller und manchmal sogar in deinem Zimmer, in der freien Natur sowieso: Da leben sie unter der losen Rinde abgestorbener Bäume oder unter Moosen und Steinen.

Die Fettspinne

Ist noch fetter, das stimmt. Sie hat ihren Namen aber wohl daher, dass ihr Körper so schön fettig glänzt. Auch sie lebt gern in Häusern, baut ihre Netze aber lieber in dunklen Ecken statt in den Fensterrahmen.

Fettspinne – mit schönem Fettglanz.

Körperlänge
bis 2 cm

Hausspinne

Typisch Groß und mit langen, haarigen Beinen.

Lebendes Fliegengitter „Hausspinne“ ist ein Oberbegriff für verschiedene, in Gebäuden lebende Spinnenarten. Egal, welche davon bei dir im Zimmer wohnt, nützlich ist jede, denn sie fängt fleißig Mücken und Fliegen. Tagsüber versteckt sie sich in Ecken, nachts geht sie auf Tour und manchmal sitzt morgens eine im Waschbecken. Sie finden auf glatten Flächen nicht gut Halt und kommen von alleine nicht raus.

Noch ein Stadthausbewohner: die Zitterspinne.

Mach mal die Spinne weg!

Aber ohne Staubsauger und ohne sie im Taschentuch zu zerquetschen! Stülp einfach ein Glas über sie und schieb ein Stück Papier von unten als Deckel darunter. Es gibt auch richtige Spinnenfanggeräte für ein paar Euro, mit Griff und Schiebevorrichtung. Und dann raus damit.

Körperlänge
0,5 cm

Weberknecht

Typisch Acht gaaanz lange, dünne Beine und ein kleiner Körper.

Langbeiner Wer acht Beine hat, gehört rein biologisch gesehen zu den Spinnen, damit auch die Weberknechte. Sie bauen aber keine Fangnetze, sondern fressen einfach, was sie in und auf dem Boden im Wald, in Gärten und Wiesen so finden: minikleine Gliedertierchen und auch mal tote größere Insekten. Du kannst sie auch in Häusern antreffen. Vor allem im Winter finden sie es dort gemütlich.

Noch ein Handwerker

Dieses Tier, das aussieht wie eine große Mücke, heißt Schnake (oder Schuster). Es ist tatsächlich eine Mückenart, sticht aber nicht und trinkt auch kein Blut, sondern ernährt sich von Blütennektar.

Schnaken stechen nicht.

Brennnessel

Typisch Hellgrün mit gezackten Blättern. Wächst überall.

Brennhaare an jedem Blatt Und bei der kleinsten Berührung brechen die ab. Der Rest, der am Blatt sitzt, funktioniert jetzt wie eine winzige Spritze und spritzt dir eine Ameisensäure-Mischung in die Haut. Die kleine Brennnessel tut übrigens viel mehr weh als die große. Gemeine Pflanze? Nicht nur: Brennnesseltee ist sehr gesund, und für die Raupen ganz vieler Schmetterlinge sind Brennnesseln die liebsten Futterpflanzen.

Brennen nicht: Drei Taubnessel-Arten.

Brennnesseln brennen nicht ...

... wenn du von unten nach oben an ihnen entlangstreichst, dann brechen die Spitzen der Brennhaare nämlich nicht ab. Und wenn sie große, bunte Blüten haben – denn dann sind es keine Brennnesseln, sondern Taubnesseln.

3 – 15 cm

Gänseblümchen

Typisch Die weißgelben Blüten kannst du immer und überall sehen: in jedem Rasen, am Wegrand, in Pflasterfugen – und zu jeder Jahreszeit.

Platter Grasbewohner Seit es Mode ist, das Gras immer schön kurz zu halten, haben sich Gänseblümchen erst so richtig verbreiten können. Denn nur in kurzem Gras bekommen die kleinen Blümchen genug Licht und Luft zum Wachsen. Das Mähen stört sie nicht: Die Blätter liegen als Rosette ganz platt auf dem Boden. Und eine neue Blüte ist schnell nachgewachsen.

Keine Gänseblümchenwiese?

Dann kauf dir ein paar Samentütchen und streu sie aus. Du hast keine Wiese in deiner Nähe? Dann pflanz dir gezüchtete Gänseblümchen (Bellis genannt) ins Beet oder den Blumenkasten. Die gibt's im Frühjahr überall und in vielen Farben.

Die gezüchteten Schwestern.

Strahlenlose Kamille

Typisch Grüngelbe Blütenköpfchen ohne die kamilletypischen weißen Strahlenblütchen.

Nicht von hier Sie stammt aus Nordasien und Nordamerika und hat sich überall ausgebreitet. Ob im Hinterhof, am Straßenrand, zwischen Steinplatten oder an sonstigen öden Stellen wie Schuttplätzen oder Böschungen: Klein und unscheinbar wächst sie an vielen Stellen. Deshalb gehst du auch meist achtlos an ihr vorbei. Wenn die Sonne auf die Blüten scheint, riecht es richtig nach Kamille.

Diese Pflanzen nicht sammeln!

Die Verwandtschaft

Die Echte Kamille vom Feldrand hat andere Duftstoffe. Nur sie ist geeignet, um Tee oder Badezusatz daraus zu machen. Der Tee hilft dir, wenn du mal Bauch- oder Halsschmerzen hast. Heilkräuter vom Straßenrand zu sammeln, ist aber nicht so gut. Zu viel Hundepipi und Abgase.

9 – 20 cm

Franzosenkraut

Typisch Viele grüne, etwas raue Blätter und viele kleine, gelbweiße Blütchen.

Spinat aus Kolumbien Franzosenkraut heißt auch Knopfkraut und stammt eigentlich aus Kolumbien. Er ist dort so eine Art Spinat und sehr beliebt und wurde vor ein paar Jahrhunderten auch bei uns eingeführt. Es erfriert schon beim ersten Frost, aber vorher hat jede der Blüten viele, viel Samen produziert, die jahrelang haltbar sind. Weswegen es längst ein allgegenwärtiges „Unkraut“ geworden ist, dass im Frühling und Sommer aus jeder Pflasterfuge sprießt.

Das Unkraut stört?

Iss es einfach auf: ein paar Blättchen Franzosenkraut, Vogelmiere, Löwenzahn, Giersch – pflücken, waschen, mischen. Salatsoße drüber und als Deko Gänseblümchen drauf. Wichtig ist, dass kein Hund draufgepinkelt hat und die Kräuter ganz jung sind. Sonst schmeckt's nicht.

Wildkräutersalat aus Franzosenkraut.

10 – 30 cm

Löwenzahn

Typisch Blüht fast überall sattgelb, vor allem im Frühjahr. Die Blätter haben spitz aussehende Zacken – wie Löwenzähne.

Pusteblume Die Löwenzahnblüte ist eigentlich ein ganzer Korb voll kleiner, einzelner Blütchen. Wenn sie verblüht sind, bildet sich die flaumige Pusteblume-Kugel, jedes Schirmchen ist ein Same. Der Wind oder deine Puste trägt sie zu ihrem neuen Wuchsort. Weil Löwenzahn nicht sehr anspruchsvoll ist, findet er auch in der Stadt fast überall ein Plätzchen.

Klebt gut: Löwenzahn-Ohrring.

Blumenschmuck

Löwenzahnblüten sind prima Ohrringe. Einfach ein bisschen Milchsaft – das ist diese weiße Flüssigkeit, die aus dem Stängel läuft – aufs Ohrläppchen träufeln, Blüte festdrücken und ein bisschen trocknen lassen. Hält oft bis zum Abend.

5–60 cm

Vogelknöterich

Typisch Kleine, flach wachsende, blaugrüne Pflanze, die überall in Ritzen und Fugen wächst und tatsächlich ein bisschen knotig aussieht.

Pionierpflanze So nennt man Pflanzen, die überall da wachsen, wo sich andere Pflanzen noch nicht so recht trauen. Der Vogelknöterich ist so einer, er ist trittfest und braucht weder viel Wasser noch Nährstoffe. Er blüht von April bis November mit vielen weißrosa Miniblüten. Und wie der Name schon sagt, ist er eine gute Futterpflanze für Vögel.

Leckeres Vogelfutter

... ist auch die als Unkraut verschriene Vogelmiere. Auch Menschen schmeckt sie: In etwas Salzwasser gekocht und mit Sahne püriert, hast du eine quietschgrüne und krachgesunde Suppe, nach der du mit gutem Gewissen die doppelte Portion Nachtisch nehmen darfst.

Vogelmiere schmeckt gut in der Suppe.

Breitwegerich

Typisch Löffelförmige Blätter mit fünf bis sieben sichtbaren Nerven und langer Stängel mit vielen unscheinbaren Blüten daran.

Da wo man hintritt ... wächst kein Gras mehr, so heißt es, und das stimmt ja auch. Nur der Breitwegerich, der wächst überall, ob auf dem Bürgersteig oder am Trampelpfad im Stadtpark. Der Spitzwegerich, sein Bruder mit den spitzeren Blättern und dem langen Blütenstängel ist nicht ganz so robust. Aber versuch mal ein Blatt abzureißen – beide sind ganz schön stark.

Langer, dünner Bruder: der Spitzwegerich.

Unterwegs-Pflaster

Wenn dir beim Wandern die Füße wehtun, dann pflück ein Wegerich-Blatt, walze es mit einem Stein platt, bis etwas Saft austritt und lege es dir als Einlage in den Schuh. Wegerich ist auch ein Erste-Hilfe-Hausmittel, wenn dich eine Mücke gestochen hat.

10–50 cm

Horn-Sauerklee

Typisch Sitzt mit seinen drei rötlichbraunen Kleeblättern in Pflasterritzen und Gartenecken. Die Blüten sind zart, gelb und haben je fünf Blätter.

Wo sind die Hörner? An seinen Früchten. Die Schoten, die sich aus den Blüten bilden, sehen nämlich aus wie kleine Hörnchen. Und Sauerklee heißt er, weil seine Blätter säuerlich schmecken. Das liegt an der Oxalsäure, die auch in Rhabarber enthalten ist. Er kommt eigentlich aus dem Mittelmeergebiet, fühlt sich aber auch in unseren Städten wohl.

Vierblättriges Kleeblatt

Statt dreiblättrige Kleeblätter gibt es manchmal auch vierblättrige, hauptsächlich beim Weißklee, der im Sommer auf fast jeder Wiese wächst. Warum es als Glücksbringer gilt? Weil es so selten ist und du Glück haben musst, um eins zu finden.

Glücksbringer und normales Dreier-Blatt.

Schöllkraut

Typisch Gelb mit je vier Blättern und eine der ersten Pflanzen, die im Frühjahr sprießen und blühen, oft in Pflasterfugen oder an Mauerecken.

Giftig Wenn du ein Stängelchen Schöllkraut pflückst, dann quillt ein gelber Saft heraus. Sei vorsichtig, er kann die Haut reizen und ist auch sonst nicht gesund. Man kann davon Durchfall und Erbrechen und Kreislaufstörungen bekommen. Allerdings nur, wenn du große Mengen davon essen würdest. Das schafft man kaum, denn das Schöllkraut schmeckt widerlich scharf und bitter.

Gelber, giftiger Pflanzensaft.

Kann heilsam sein

Weil der gelbe Saft so stark ätzend und hautreizend wirkt, kann er gegen Warzen, Hühneraugen und Schwielen helfen. Mehrere Wochen täglich aufgetragen, lösen sie sich einfach auf. So hat man es früher gemacht. Heute gibt es fertige Warzenmittel in der Apotheke.

50 – 200 cm

Kanadische Goldrute

Typisch Große Pflanze, oben mit einem großen Büschel voller kleiner, gelber Blüten.

Vielseitige Pflanze Aus ihren Stängeln und Blättern wurde früher ein goldbrauner Farbstoff hergestellt. Sie kann bei Rheuma und Gicht helfen, ist Nationalblume in zwei amerikanischen Bundesstaaten und beliebte Futterpflanze für viele Schmetterlingsarten. Und bei uns heimisch, seit sie im letzten Jahrhundert nach Deutschland kam. In der Stadt findest du sie meist in Gewerbegebieten und an Gleisanlagen.

Ebenso gelb und groß

... ist die Königskerzen, die wie gelbblühende Fackeln aus Wegrainen herausragen und die von Hummeln, Wildbienen und Schmetterlingen geradezu umschwärmt werden. Und die Nachtkerze. Die heißt so, weil sie erst abends aufblüht. Sie ist besonders bei Nachtfaltern beliebt.

Nachtkerze und Königskerze.

1–2 m

Indisches Springkraut

Typisch Dicker, kantiger Stängel, rosalila Blüten, schotenförmige Früchte, die aufplatzen und dir ihre Samen um die Ohren schleudern, wenn du sie nur ganz leicht berührst.

Kommt aus Indien Wurde als Zierpflanze vor 150 Jahren nach Europa geholt und wächst an Flüssen, feuchten Waldrändern und sicherlich auch im Stadtpark – das viele Hundepipi dort ist ein prima Dünger. Weil es die Pflanzen verdrängt, die da früher wuchsen, mögen viele Naturschützer es nicht. Bei Bienen, Schmetterlingen und Co. aber sind die dicken, süßen Blüten sehr beliebt.

Katapult-Schoten des Indischen Springkrauts.

Rühr-mich-nicht-an ...

... so heißt im Volksmund das bei uns heimische Große Springkraut; es blüht gelb und wird etwa 70 cm groß. Dann gibt es noch das Kleinblütige Springkraut. Beide Arten haben – wie alle Springkräuter – ebenfalls diese Katapult-Schoten.

80 – 150 cm

Große Klette

Typisch Die helllila Blüten sehen aus wie bei einer Distel. Blätter und Stängel sind aber ganz weich und kein bisschen pieksig.

Schwarzfahrer Aus den Blüten werden braune Kugeln, die so schön an den Klamotten kletten. Und auch am Fell von Mäusen oder Füchsen. Ein Trick, mit dem die Klette ihre Samen ganz umsonst in die Welt hinausschickt. Sie reisen mit – bis das Tier oder du sich die blinden Passagiere vom Leib putzt. Vielleicht an einer Stelle, wo es ganz tolle Wachstumsbedingungen gibt.

Das gleiche Prinzip …

… nutzt das Klettenlabkraut mit seinen kleinen Klebekügelchen. Auch Blätter und Stängel sind über und über mit kleinen hakigen Borstenhärchen voll. Super fix für Blumenkränze: einfach Labkraut zu einem Kranz winden und daran bunte Blüten „kleben".

Klebt auch: Klettenlabkraut.

Mäusegerste

Typisch Trägt seine Ähren von Mai bis Oktober und überall: in Ritzen am Bürgersteig, unter Bäumen oder auf Verkehrsinseln.

Sieht aus wie Getreide Und ist auch tatsächlich mit der Gerste verwandt. Die Samenkörner sind essbar, aber weil sie so klein sind, lohnt es sich nicht, sie zu ernten und daraus Mehl zu machen. Sie sind gerade gut für die Mäuse, daher kommt auch der Name. Ursprünglich kommt Mäusegerste vom Mittelmeer, wächst aber heute fast überall in der Welt und gerne in Städten.

Mäusegerste-Grannen im Hundefell.

Ganz schön pieksig

Die Grannen – diese langen, borstigen Haare am Getreide – sind bei der Mäusegerste besonders spitz. So bleiben die Samen gut in Kleidung und Fell hängen und können überall verbreitet werden. Bei Tieren bohren sie sich oft tief in die Haut, das tut weh und kann sich entzünden.

bis 4 m

Schilf

Typisch Hohes Gras am Ufer von Seen, mit beigen Pluster-Ähren.

Brutstätte Schilf ist dicht und es wächst da, wo es feucht ist, zum Beispiel am Teich im Park. Da kommt kaum einer hin, Raubtiere nicht und auch kaum neugierige Menschenkinder. Deswegen brüten Enten, Gänse und andere Wasservögel so gern im Schilf. Und Libellenlarven zum Beispiel nutzen Schilfstängel, um aus dem Wasser zu klettern.

Nicht verwechseln ...

... mit Rohrkolben. Der ist gut fürs Wasser, weil er Schmutz aus dem Wasser aufnimmt und in gute Nährstoffe umwandelt. Der dicke Pfeifenputzer am oberen Ende besteht aus vielen kleinen Blüten. Wenn er „reif" ist, dann wird er weiß und puschelig und die Samen fliegen davon.

Rohrkolben mit samtigbraunen Ähren.

Schneebeere

Typisch Strauch mit ovalen grünen Blättern und rosa Glöckchen-Blüten, die im Herbst zu murmelgroßen weißen Früchten reifen.

Knallerbsen So heißen sie landläufig, auch wenn der offizielle Name Schneebeere ist, weil die Früchte so schön weiß sind. Sie wurden wie so viele andere Stadtpflanzen bei uns als Zierstrauch eingeführt. Weil sie so robust und anspruchslos sind, haben sie sich sehr schnell ausgebreitet und wachsen jetzt eigentlich überall.

So sieht eine Schneebeere von innen aus.

Wieso knallt's?

In der Frucht ist ein schaumiges Gewebe mit Luftkammern. Wenn du sie aufs Pflaster schmeißt oder auf sie drauftrittst, dann platzt sie wie ein Luftballon und es gibt diesen puffigen Knall. Knallerbsen sind schwach giftig, also nicht essen und hinterher Hände waschen.

bis 15 m

Stechpalme

Typisch Baum oder Strauch mit dunkelgrünen, wachsig-glänzenden und stacheligen Blättern, ab Herbst mit roten Beeren.

Heißt auch Ilex oder Christdorn Aber egal, wie sie bei euch heißt: Blätter und Beeren sind giftig. Anfassen und damit basteln und dekorieren kannst du aber. Die Blätter bleiben lange knackig-grün und die Beeren knallrot. Aber wasch dir hinterher vorsichtshalber die Hände. Der Strauch wird gerne als Hecke oder Zierstrauch angepflanzt.

Noch giftiger

... ist die Eibe. Die ganze Pflanze enthält ein tödliches Gift, besonders viel steckt in den roten Beeren, genauer: in den kleinen Kernen darin. Das Gift wird nur frei, wenn der Kern zerkaut wird. Deswegen passiert den Vögeln auch nichts, wenn sie im Herbst die roten Früchte schlucken. Der Kern kommt einfach hinten wieder raus. Trotzdem: nie probieren!

Eibenbeeren haben einen extrem giftigen Kern!

Mahonie

Typisch Blätter mit stechpalmenähnlichen Blattfiedern. Goldgelbe Blütentrauben und blau bereifte Beeren.

Essbar Mahonien gehören zu den häufigsten Stadtsträuchern; Blätter und Wurzeln sind leicht giftig. Aber dass die Früchte essbar sind, wissen die wenigsten. Lecker sind sie zwar nicht, sondern supersauer, aber mit viel Zucker kann man Marmelade oder Punsch daraus machen. Könnte – denn Stadtmahonien haben zu viel Abgase abgekriegt. Versuche es mit welchen aus dem Garten.

Bienenweide Mahonienblüten.

Pflanzt mehr Mahonien!

Denn wenn im April die gelben Blüten leuchten, sind sie umschwärmt von Bienen und Hummeln. Die ebenfalls knallgelbe Forsythie dagegen hat keinen Nektar in ihren Blüten. Alle angelockten Hummeln, Wildbienen und Schmetterlinge müssen hungrig weiterfliegen.

bis 4 m

Liguster

Typisch Grüner Strauch mit weißen Blüten, die intensiv riechen – ob betörend oder eklig, ist Geschmackssache. Die Früchte sind schwarz und giftig.

Mal wintergrün, mal nackt Liguster wird oft als Hecke gepflanzt, unter anderem weil er sich in jede Form stutzen lässt, ohne dass ihm das etwas ausmacht. Er kommt auch wild an Waldrändern und im Gebüsch vor. Dann ist er größer und lockerer. Die Blätter sind lang, schmal und ledrig, je nach Züchtung behält er sie im Winter.

Hecken sind Wohnort

Igel, Haselmäuse, Marder, Amseln, Meisen, Kröten, Spinnen, Schnecken, jede Menge Insekten und noch viele, viele andere Tiere nutzen etwas unordentliche Hecken und kleine Gebüsche als Versteck und Unterschlupf, als Schlafplatz, Brut- und Niststätte und Überwinterungsquartier.

Ligusterblüten – beliebt bei Honigbienen.

Linde

Typisch Großer Baum mit runder Krone und hellgrünen, herzförmigen Blättern.

Süßer Nektar Lindenblüten riechen sehr, sehr süß. Das zieht viele Insekten an, vor allem Bienen – ein einziges Gesumm! Auch Blattläuse mögen Linden: wegen des Eiweißes im Pflanzensaft, den sie mit ihren kleinen Rüsseln aus den Blättern saugen. Den Zucker scheiden sie als klebrig-süße Flüssigkeit wieder aus. Die du bestimmt schon mal bemerkt hast, wenn dein Fahrrad oder euer Auto unter einer Linde stand.

Mit silbriger Blattunterseite: Silberlinde.

Silbrige Schwester

Etwas kleiner, aber ebenfalls sehr häufig ist die Silberlinde. Sie stammt eigentlich aus Südeuropa. Bei uns gibt es sie seit etwa 200 Jahren. Sie wird oft in Parks gepflanzt und – weil sie ziemlich widerstandsfähig gegenüber Staub und Abgasen ist – entlang von Straßen.

10 – 30 m

Robinie

Typisch Der Stamm hat eine stark gefurchte Borke, die Blätter sind in viele kleine Fiedern zerteilt. Trägt Dornen.

Scheinakazie So heißt sie auch manchmal, weil sie mit ihrer lockeren, schirmartigen Krone eben ein bisschen aussieht wie die Akazien in der afrikanischen Savanne. Mit denen hat sie aber nichts zu tun. Aus Robinienholz werden oft Gartenmöbel hergestellt. Es ist sehr hart und wetterfest, so wie sonst nur Holz aus dem tropischen Regenwald.

Samen und Rinde sind giftig

Wenn du eine Robinie in eurem Stadtwald gefunden hast: Anfassen darfst du sie ruhig, aber gib Pferden, Vögeln oder Kaninchen niemals Robinienzweige zu fressen oder deinem Hund zum Spielen. Wenn er so ein Stöckchen zerkaut, kann er sterben.

Die Samen der Robinie sind giftig!

Lederhülsenbaum

Typisch Die Früchte im Herbst sehen aus wie riesige Bohnenschoten, am Stamm hat er dichte Dornenbüschel.

Einwanderer und Darmwanderer Der Lederhülsenbaum kommt aus Nordamerika und wird bei uns häufig in Parks und Anlagen gepflanzt. Die fein gefiederten Blätter gelten als giftig, die Früchte dagegen sind für Tiere essbar. Die mampfen die nahrhaften Schoten, die Samen aber kommen hinten heil wieder raus, zusammen mit einem Klacks Dünger, und keimen gleich umso besser.

Blüten und Samenkapseln des Blauglockenbaums.

Noch ein Besucher

Der Blauglockenbaum wird etwa 15 m hoch, hat eine glatte, graue Rinde und große, blaue Blüten. Er stammt aus China und mag es warm, weswegen er nicht in jedem deutschen Park gut wächst, sondern nur in milden Lagen.

bis 25 m

Rosskastanie

Typisch Riesige Blätter mit fünf bis neun Fingern, stachelige Fruchthüllen und glänzende Kastanien.

Der Biergartenbaum Die Rosskastanie wird seit dem 18. Jahrhundert sehr oft als Allee- und Parkbaum gepflanzt und ist typisch für die Stadt. Sie sieht manchmal schon ziemlich früh im Sommer welk und braun aus. Das waren dann die Larven eines kleinen Schmetterlings, der Rosskastanien-Miniermotte, die sich kreuz und quer durch die Blätter gefressen haben. Rotblühende Kastanien mögen Miniermotten übrigens nicht.

Kastanien-Spiel

Vielleicht möchtest du mal was anderes als Männchen basteln? In ein große und runde Kastanie ein Loch bohren, einen am Anfang mit Garn zusammengebundenen Schwanz aus Bändern mit einem Klecks Klebstoff hineindrücken, fertig. Super zum Hin- und Herwerfen.

Kastanien-Indiaca-Ball.

bis 40 m

Ginkgo

Typisch Schmale, nicht sehr dichte Krone. Die Blätter sehen aus wie kleine Fächer, sind hellgrün und sehr weich.

Der ideale Stadtbaum Denn er wächst sehr langsam, mag es warm und trocken und ist nicht empfindlich gegen Abgase und andere ungesunde Stoffe. Weswegen er als Symbol für Hoffnung, langes Leben, Fruchtbarkeit, Lebenskraft und Unbesiegbarkeit gilt. In seiner Heimat Asien schon lange und mittlerweile auch bei uns. Du kannst die Blätter mit Wasserfarbe bestreichen und als Stempel verwenden, um Geschenkpapier zu verzieren.

Männliche (oben) und weibliche Blüten.

Lebende Fossilien …

… sind die Ginkgos, das hast du vielleicht schon einmal gehört. Aber nicht der einzelne Baum ist uralt, sondern die Art. Es gab schon Ginkgos, als es Lebewesen gab, die wir heute nur noch versteinert kennen – als Fossilien eben. Es gibt übrigens männliche und weibliche Bäume.

bis 20 m

Feld-Ahorn

Typisch Bis zur Mitte in abgerundete „Finger" geteilte Blätter, die im Herbst bunt werden.

Propellerfrüchte Weil er schnell seine handliche Größe von 20 m erreicht, wird er viel an Wegen und Straßen gepflanzt. Die bumerangförmigen Früchte fallen nicht einfach runter, sondern propellern langsam durch die Luft, damit ein Windstoß sie erfasst und weit weg trägt. Denn zu Mutter Ahorns Füßen wächst es sich nicht gut als kleiner Baum: Wasser und Nährstoffe braucht sie selber und dunkel ist es unter ihr auch.

Ahorn ist nicht gleich Ahorn

Auch wenn es auf den ersten Blick so aussieht. Auf den zweiten Blick hat der Feld-Ahorn runde Blätter-Finger, der Berg-Ahorn eckige und der Spitz-Ahorn spitze mit kleinen Zacken dran. Daran kannst du sie gut unterscheiden.

Oben Feld-, unten Berg- und rechts Spitzahorn.

Platane

Typisch Tarnscheck-Rinde, ahornähnliche Blätter und kleine grüne Stachelkugeln als Früchte.

Häutung Der Tarnscheck entsteht, weil ihr beim Wachsen die Borke in kleinen Plättchen abblättert. Weil ihr staubige Abgas-Luft nicht viel ausmacht, ist sie ein sehr beliebter Straßenbaum. Und manchmal dient sie auch als Terrassendach: Jungbäumen wird der Stamm gekürzt und die Seitentrieb wie ein Dach auf Draht oder ein Gitter gebunden. Ein bisschen gemein, aber es sitzt sich viel schöner darunter als unter einem Sonnenschirm.

Ahornblättrig und mit Kugelfrüchten.

Husten unter Platanen?

Die neuen Blättchen, die Rinde frischer Äste und auch die Blüten der Platane sind mit kleinen wolligen Härchen bedeckt. Diese Härchen werden mit dem Wind davongetragen und können bei manchen Menschen Jucken und Husten bewirken, wie beim Heuschnupfen – den Platanenhusten.

Wo im Buch steht was?

Bildquellen

Die Fotos stammen von **Frank Hecker** mit Ausnahme der folgenden:

Alexandra Giese – Shutterstock.com: 11 o.
arco-images/NPL/Laurent Geslin: 4
Blickwinkel/R. Koenig: 79
Boida Anatolli – Shutterstock.com: 36
Buchhorn, Wolfgang/Frank Hecker: 45
Croato – Shutterstock.com: 67
Erni – Shutterstock.com: 43
Gaertner, Carsten/Wolfgang Buchhorn/Frank Hecker: 38
jennyt – Shutterstock.com: 10
jGade – Shutterstock.com: 39
Joseph Scott Photography – Shutterstock.com: 16
Jozef Sowa – Shutterstock.com: 42
Kharkhan Oleg – Shutterstock.com: 87
ninii – Shutterstock.com: 62
Paul Reeves Photography – Shutterstock.com: 23
Prill – Shutterstock.com: 48
Sally Wallis – Shutterstock.com: 18 (Umschlagfoto hinten Mitte)
skyla80 / photocase.de: 5 o.
Smoll, Birgitt: 8
Spohn, Roland: 69, 74, 84
waldru – Shutterstock.com: 11 u.
Zanna Holstova – Shutterstock.com: 40
Zoonar/Himmelhuber: 85
Zoonar/Lothar Hinz: 17
Zoonar/Manfred Delpho: 6
Zoonar/Murat Subatli: 26
Zoonar/Naturfoto-Online St.Ernst: 25
Zoonar/rolf pötsch: 44
Zoonar/Reinhold S.: 83
Zoonar/unknown: 29
Zoonar/Weise, Ralf Dr.: 19
Zoonar/Wolfgang Tscharnke: Umschlagfoto vorn

Die Zeichnungen fertigte **Paschalis Dougalis** mit Ausnahme der folgenden: Fariba Gholizadeh: Fuchs-Illustrationen Umschlag und Innenteil; Symbole Lebensräume und Größenangaben: Stefan Dehmel.

Haftung

Die in diesem Buch enthaltenen Empfehlungen und Angaben sind von der Autorin mit größter Sorgfalt zusammengestellt und geprüft worden. Eine Garantie für die Richtigkeit der Angaben kann jedoch nicht gegeben werden. Haftung für Schäden und Unfälle wird von Autoren oder Verlag aus keinem Rechtsgrund übernommen. Der Verlag Eugen Ulmer ist nicht verantwortlich für den Inhalt von Internet-Links.

Bibliografische Information der Deutschen Nationalbibliothek
Die Deutsche Nationalbibliothek verzeichnet diese Publikation in der Deutschen Nationalbibliografie; detaillierte bibliografische Daten sind im Internet über http://dnb.d-nb.de abrufbar.

Wollgrasweg 41, 70599 Stuttgart (Hohenheim)
E-Mail: info@ulmer.de
Internet: www.ulmer.de
Umschlagentwurf: Wiebke Hengst, Ostfildern
Lektorat: Ina Vetter, Martina Kunze
Herstellung: Silke Reuter
Satz: r&p digitale medien, Echterdingen
Reproduktion: timeRay, Herrenberg
Druck und Bindung: Litotipografie Editrice Alcione, Lavis
Printed in Italy

ISBN 978-3-8001-8356-2

Naturwerkstatt
Schnelle Vogelrestaurants

Milchtütenhaus: Dafür brauchst du einen leeren, ausgewaschenen Tetrapack, Schere oder Cuttermesser, Schnur oder Draht zum Aufhängen – und fürs Dekorieren: Masking-Tape, Acrylfarbe, Aufkleber oder was dir sonst einfällt. In die lange Seitenwand schneidest du unten auf beiden Seiten ein Fenster, oben bohrst du ein Loch hinein, für die Aufhängeschnur.

Futtersilo: Du brauchst eine leere Plastikflasche, zwei lange Schaschlikspieße oder andere Hölzchen, einen Handbohrer, wieder Schnur oder Draht zum Aufhängen. Bohre in den oberen Teil zwei Löcher und 10 cm höher rechtwinklig dazu noch mal zwei. Da steckst du die Holzstäbe durch – das sind die Sitzstangen. Jeweils knapp über die Stangen prökelst du ein größeres Loch, durch das können die Vögel die Körner herauspicken. In den Flaschenboden zwei kleine Löcher bohren, Schnur oder Draht durchziehen und aufhängen.

Was mögen Vögel? Mit handelsüblichen Futtermischungen, Meisenringen und -knödeln sind die meisten Vögel vollauf zufrieden. Wenn du ihnen jetzt noch einen großen Blumenuntersetzer mit Wasser hinstellst, ist auch fürs Trinken gesorgt.

Wie und wo aufhängen? Die Futterstelle sollte geschützt aufgestellt werden und nicht direkt am Fenster, weil die Vögel die Scheibe leicht mal übersehen